DER KLEINE PHOTOVOLTAIK-RATGEBER FÜR KLEIN UND GROßANLAGEN

INHALTSVERZEICHNIS

GRUNDLAGEN DER PHOTOVOLTAIK

Funktionsweise der Energiegewinnung von PV-Anlagen

Die Funktionsweise der Energiegewinnung von Photovoltaik-Anlagen ist faszinierend und basiert auf dem Prinzip der direkten Umwandlung von Sonnenlicht in elektrische Energie. Dieser Prozess wird als photovoltaischer Effekt bezeichnet und ist der Kern jeder PV-Anlage.

Das Herzstück jeder Photovoltaik-Anlage sind die sogenannten Solarzellen. Sie bestehen aus zwei Schichten von Halbleitermaterial, üblicherweise Silizium, das spezielle Eigenschaften aufweist. Die obere Schicht ist positiv und die untere Schicht negativ geladen. Wenn Sonnenlicht auf die Solarzelle trifft, werden Elektronen freigesetzt. Durch das entstandene elektrische Feld zwischen den beiden Schichten beginnen diese Elektronen zu fließen und ereugen so einen elektrischen Strom.

Die erzeugte elektrische Energie ist jedoch von Gleichstrom (DC) in Wechselstrom (AC) umzuwandeln, bevor sie in das Stromnetz eingespeist oder für den Betrieb von Haushaltsgeräten verwendet werden kann. Dies geschieht durch einen Wechselrichter, der ein wesentlicher Bestandteil jeder PV-Anlage ist. Es ist wichtig zu beachten, dass die Menge der er zeugten Energie von mehreren Faktoren abhängt. Dazu gehören die Intensität und Dauer der Sonneneinstrahlung, der Wirkungsgrad der Solarzellen, die Ausrichtung und der Neigungswinkel der Solarzellen sowie Umgebungsfaktoren wie Temperatur und Verschmutzung.

Zusammenfassend lässt sich sagen, dass Photovoltaik-Anlagen eine effiziente und umweltfreundliche Möglichkeit zur Energiegewinnung darstellen. Sie nutzen die unendliche Energie der Sonne und wandeln sie in nutzbaren Strom um, reduzieren den Ausstoß von Treibhausgasen und tragen zur Diversifizierung der Energiequellen bei.

Wann und wie ernte ich Sonne?

Die "Ernte" der Sonnenenergie durch Photovoltaik-Anlagen erfolgt während der Sonnenstunden des Tages. Doch wann und wie wird die Sonne am effizientesten 'geerntet'?

Die Leistung einer Photovoltaik-Anlage ist direkt proportional zur Intensität des einfallenden Sonnenlichts. Daher ist die Ernte von Sonnenenergie am effektivsten in den Mittagsstunden, wenn die Sonne ihren Höchststand erreicht. Allerdings variiert dieser Zeitraum je nach Jahreszeit und geographischer Lage. In Mitteleuropa zum Beispiel ist die Sonneneinstrahlung zwischen 11 Uhr vormittags und 15 Uhr nachmittags am intensivsten.

Wie genau die Sonnenenergie geerntet wird, hängt von der richtigen Installation und Ausrichtung der Photovoltaik-Anlage ab. Die Solarzellen sollten idealerweise in Richtung Süden ausgerichtet sein, um die maximale Menge an Sonnenlicht einzufangen. Darüber hinaus spielt der Neigungswinkel der Solarzellen eine entscheidende Rolle. In Mitteleuropa liegt der optimale Neigungswinkel für eine maximale Jahresleistung bei etwa 30 bis 35 Grad.

Darüber hinaus ist es wichtig, den Schattenwurf zu minimieren. Schatten auf den Solarzellen, etwa durch Bäume oder Gebäude, können die Leistung der gesamten Anlage erheblich reduzieren. Daher sollte bei der Planung und Installation einer Photovoltaik-Anlage darauf geachtet werden, dass die Solarzellen möglichst schattenfrei sind.

Zusammenfassend lässt sich sagen, dass die effiziente Ernte von Sonnenenergie sowohl von der Tageszeit und der Jahreszeit als auch von der korrekten Installation und Ausrichtung der Photovoltaik-Anlage abhängt. Mit der richtigen Planung und Umsetzung kann eine Photovoltaik-Anlage jedoch eine erhebliche Menge an sauberer und erneuerbarer Energie liefern.

Die optimale Größe Ihrer Photovoltaikanlage

Die Größe Ihrer Photovoltaikanlage ist ein entscheidender Faktor, der ihre Leistung und Effizienz, sowie Ihr finanzielles Einsparpotenzial bestimmt. In diesem Kapitel möchten wir uns genauer mit der Frage beschäftigen: Wie groß sollte Ihre Photovoltaikanlage sein?

Die Größe der Anlage hängt von verschiedenen Faktoren ab, darunter Ihr durchschnittlicher Stromverbrauch, die Anzahl der Sonnenstunden an Ihrem Standort, die Ausrichtung und Neigung Ihres Dachs, sowie die Effizienz der verwendeten Solarzellen. Es ist wichtig, diese Faktoren sorgfältig zu berücksichtigen, um eine Anlage zu installieren, die Ihren Bedürfnissen entspricht und ein optimales Preis-Leistungs-Verhältnis bietet.

Aber wie berechnet man die ideale Größe einer Photovoltaikanlage? Hier ist ein einfacher Leitfaden: Beginnen Sie mit der Bestimmung Ihres Jahresstromverbrauchs, der in kWh angegeben wird. Berücksichtigen Sie dann die durchschnittliche Anzahl der Sonnenstunden an Ihrem Standort und die Effizienz Ihrer Solarzellen. Diese Faktoren zusammen ergeben die optimale Größe Ihrer Photovoltaikanlage.

Um diese Berechnungen zu veranschaulichen, betrachten wir einige Beispiele. Ein Haushalt mit einem Jahresstromverbrauch von 4000 kWh, gelegen in einer Region mit durchschnittlich 1000 Sonnenstunden pro Jahr und einer Solarzelleneffizienz von 15%, benötigt eine Anlage mit einer Leistung von etwa 4 kWp.

Abschließend möchten wir betonen, dass die sorgfältige Planung der Größe Ihrer Photovoltaikanlage von entscheidender Bedeutung ist. Eine gut dimensionierte Anlage wird nicht nur Ihren Stromverbrauch effizient decken, sondern auch dazu beitragen, Ihre Energiekosten zu senken und den Wert Ihrer Immobilie zu erhöhen.

Häufig gestellte Fragen:

Was passiert, wenn meine Anlage zu groß ist? Eine zu große Anlage kann mehr Strom produzieren, als Sie verbrauchen. Dies kann zu unnötigen Kosten führen und ist in den meisten Fällen nicht wirtschaftlich.

Was passiert, wenn meine Anlage zu klein ist? Eine zu kleine Anlage kann nicht genügend Strom liefern, um Ihren Bedarf zu decken. Sie werden dann gezwungen sein, zusätzlichen Strom aus dem Netz zu beziehen, was Ihre Energiekosten erhöht.

Wir hoffen, dass dieses Kapitel Ihnen dabei hilft, eine erste Vorstellung von der optimalen Größe Ihrer Photovoltaikanlage zu gewinnen und Ihre Investition in grüne Energie zu maximieren. Dennoch ist die Planung und Installation einer Photovoltaikanlage eine komplexe Aufgabe mit vielen Variablen, die berücksichtigt werden müssen. Daher empfehlen wir dringend, eine professionelle Beratung in Anspruch zu nehmen. Ein Fachmann in diesem Bereich kann Ihnen eine genaue Berechnung und Empfehlung basierend auf Ihren spezifischen Bedingungen und Bedürfnissen geben. Mit seiner Hilfe können

Sie sicherstellen, dass Ihre Photovoltaikanlage effizient arbeitet und Sie das Beste aus Ihrer Investition herausholen.

Welches Modul ist am besten?

Einführung

Die Wahl des richtigen Photovoltaik-Moduls ist eine wichtige Entscheidung auf dem Weg zur eigenen Solaranlage. Es gibt eine Vielzahl verschiedener Modultypen auf dem Markt, und das "beste" Modul hängt stets von den individuellen Bedürfnissen und Gegebenheiten ab.

Monokristalline vs. polykristalline Module

Monokristalline Module bestehen aus einzelnen, hochreinen Siliziumkristallen. Sie sind durch ihre dunkle, fast schwarze Farbe erkennbar und zeichnen sich durch eine hohe Effizienz aus. Ihre Herstellung ist jedoch aufwendiger und teurer als die von polykristallinen Modulen. Diese bestehen aus vielen kleinen Siliziumkristallen und haben eine bläuliche Farbe. Sie sind etwas weniger effizient, dafür aber auch günstiger.

Dünnschichtmodule

Dünnschichtmodule bestehen aus dünnen Schichten von Halbleitermaterialien, die auf ein Trägermaterial aufgebracht werden. Sie sind sehr leicht und flexibel und können daher auch auf Dächern mit geringer Traglast oder auf Gebäuden mit ungewöhnlicher Form installiert werden. Allerdings ist ihre Effizienz geringer als die von kristallinen Modulen, weshalb sie mehr Fläche benötigen, um die gleiche Leistung zu erzeugen.

Hochleistungsmodule

Hochleistungsmodule sind besonders effiziente kristalline Module. Sie sind teurer als Standardmodule, können aber auch auf kleineren Dachflächen eine hohe Stromerzeugung erreichen. Sie eignen sich daher besonders für Anlagen, bei denen der zur Verfügung stehende Platz begrenzt ist.

Wichtige Kriterien für die Wahl des besten Moduls

Bei der Wahl des "besten" Moduls sollten verschiedene Faktoren berücksichtigt werden. Dazu gehören die zur Verfügung stehende Fläche, das Budget, die regionale Sonneneinstrahlung und die gewünschte Stromerzeugung. Es lohnt sich, verschiedene Angebote einzuholen und zu vergleichen.

Ratgeber zur Modulauswahl

Um das beste Modul für die eigenen Bedürfnisse zu finden, sollte man zunächst die eigenen Voraussetzungen und Ziele klar definieren. Anschließend kann man sich mit den verschiedenen Modultypen und ihren Eigenschaften vertraut machen. Es kann auch hilfreich sein, einen Solarberater zu konsultieren, der bei der Auswahl und Planung der Anlage hilft.

Sonnenenergie speichern

Warum Solarstromspeicherung sinnvoll ist

Die Nutzung von Solarenergie hat in den letzten Jahren deutlich zugenommen, und immer mehr Hausbesitzer entscheiden sich für die Installation von Photovoltaikanlagen. Doch die wahre Kraft der Sonne kann erst dann vollständig genutzt werden, wenn der erzeugte Strom auch gespeichert wird. Die Gründe dafür sind vielfältig und reichen von der Erhöhung des Eigenverbrauchs über die Optimierung der Energiekosten bis hin zur Unterstützung der Energiewende.

Erstens ermöglicht die Speicherung von Solarstrom eine erhebliche Steigerung des Eigenverbrauchs. Ohne Speicher geht ein Großteil der an sonnenreichen Tagen erzeugten Energie oft ungenutzt verloren, da die Produktion die Nachfrage übersteigt. Mit einem Solarstromspeicher kann diese überschüssige Energie jedoch für später aufbewahrt werden, wenn die Anlage weniger oder gar keinen Strom produziert. Dies reduziert den Bedarf an Netzstrom und macht die Energieversorgung effizienter und kostengünstiger.

Zweitens bietet ein Solarstromspeicher eine größere Unabhängigkeit vom öffentlichen Stromnetz. Selbst wenn die Sonne nicht scheint oder das Stromnetz ausfällt, erlaubt der Speicher die Nutzung der zuvor gespeicherten Energie. Dies bedeutet nicht nur eine größere Sicherheit bei Stromausfällen, sondern auch eine Unabhängigkeit von steigenden Strompreisen.

Darüber hinaus kann ein Solarstromspeicher zur Optimierung der Energiekosten beitragen. Viele Energieversorger bieten Preismodelle an, bei denen die Kosten für Netzstrom je nach Tageszeit und Netzbelastung variieren. In diesem Kontext ermöglicht der Speicher den Verbrauch des gespeicherten Solarstroms, wenn die Netzstrompreise hoch sind, und die Speicherung, wenn die Preise niedrig sind.

Schließlich ist die Speicherung von Solarstrom ein wesentlicher Beitrag zur Energiewende. Durch die Nutzung von mehr selbst erzeugtem, erneuerbarem Strom und die Reduzierung der Abhängigkeit von fossilen Brennstoffen kann jeder Haushalt dazu beitragen, die CO2-Emissionen zu senken und den Übergang zu nachhaltigeren Energiequellen zu fördern.

Insgesamt ist die Speicherung von Solarstrom eine praktische und effektive Methode, um das Potenzial der Solarenergie voll auszuschöpfen. Sie ermöglicht eine nachhaltigere und unabhängigere Energieversorgung und bietet gleichzeitig eine Reihe von finanziellen und ökologischen Vorteilen.

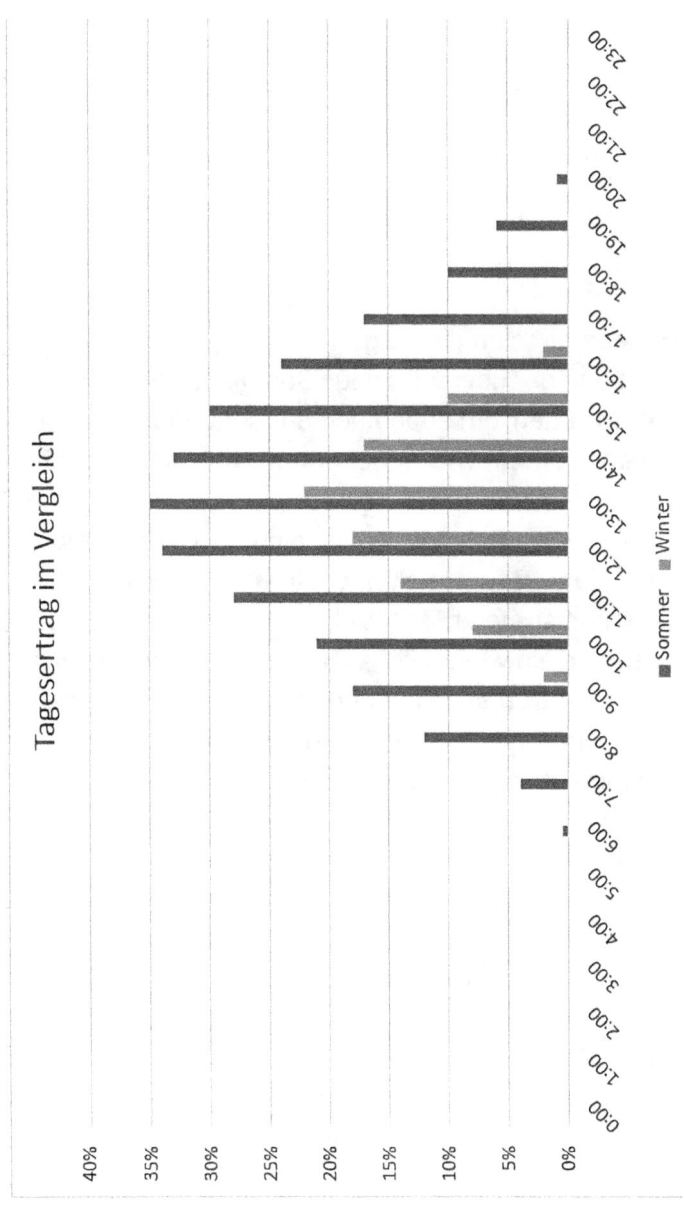

Tagesertrag im Vergleich

■ Sommer ■ Winter

Wie speichere ich den Sonnenstrom?

Die Sonne scheint nicht rund um die Uhr, und es gibt Zeiten, in denen der Energieverbrauch die Produktion von Solarenergie übersteigt.

Daher stellt sich die Frage:
Wie kann der überschüssige Sonnenstrom gespeichert werden, um auch nach Sonnenuntergang oder bei schlechtem Wetter genutzt werden zu können?

Die Antwort liegt in Energiespeichern, die es ermöglichen, den erzeugten Sonnenstrom zu speichern und zu einem späteren Zeitpunkt zu nutzen. Energiespeicher sind ein wesentlicher Bestandteil eines effizienten Solarstromsystems und können dazu beitragen, die Unabhängigkeit von externen Stromlieferanten zu erhöhen und den Eigenverbrauch von Solarstrom zu maximieren.

Im nachfolgenden Abschnitt werden wir uns die verschiedenen Arten von Energiespeichern genauer anschauen, ihre Funktionsweisen erklären und ihre Vor- und Nachteile diskutieren. Von Batteriespeichern über Wärmespeicher bis hin zu innovativen Lösungen wie Power-to-Gas wird eine Vielzahl von Technologien vorgestellt, die es ermöglichen, Son-

nenstrom zu speichern und zu jeder Zeit auf nachhaltige Energie zuzugreifen.

Lithiumspeicher

Lithiumspeicher sind eine Form von Batteriespeichern, die Lithium-Ionen-Technologie nutzen, um Energie zu speichern. Sie sind eine weit verbreitete Lösung zur Speicherung von Solarstrom und werden oft in Verbindung mit Photovoltaik-Anlagen in Haushalten verwendet.

Die Vorteile von Lithiumspeichern sind vielfältig. Sie haben eine hohe Energiedichte, was bedeutet, dass sie viel Energie auf kleinem Raum speichern können. Darüber hinaus haben sie eine sehr gute Zyklenfestigkeit, das heißt, sie können viele Male aufgeladen und entladen werden, ohne dass ihre Leistungsfähigkeit signifikant abnimmt. Lithiumspeicher sind außerdem wartungsarm und haben eine relativ lange Lebensdauer.

Ein weiterer Vorteil von Lithiumspeichern ist ihre Fähigkeit zur schnellen Ladung und Entladung. Das macht sie ideal für Anwendungen, die eine schnelle Energiebereitstellung erfordern.

Trotz ihrer vielen Vorteile haben Lithiumspeicher auch einige Nachteile. Ein Hauptnachteil sind die hohen Anschaffungskosten im Vergleich zu anderen Speicherlösungen. Darüber hinaus gibt es Bedenken hinsichtlich der Umweltverträglichkeit von Lithiumspeichern. Die Gewinnung von Lithium ist oft mit erheblichen Umweltauswirkungen verbunden, und das Recycling von Lithium-Batterien stellt eine große Herausforderung dar.

Trotz dieser Nachteile sind Lithiumspeicher aufgrund ihrer hohen Leistungsfähigkeit und Zuverlässigkeit eine attraktive Option zur Speicherung von Solarstrom.

Lithium-Eisenphosphat-Akku

Lithium-Eisenphosphat-Akkus, auch bekannt als LiFePO4-Akkus, sind eine spezielle Art von Lithium-Ionen-Akkus. Sie unterscheiden sich von anderen Lithium-Ionen-Akkus durch ihre spezielle Kathodenchemie, die auf Eisenphosphat basiert.

Die Vorteile von Lithium-Eisenphosphat-Akkus sind zahlreich. Sie haben eine sehr hohe Zyklenfestigkeit, was bedeutet, dass sie viele Male aufgeladen und entladen werden können, ohne dass ihre Kapazität signifikant abnimmt. Zudem sind sie thermisch sehr stabil und weisen eine hohe Sicherheit gegenüber Überladung und Kurzschluss auf. Dies macht sie zu einer der sichersten Lithium-Ionen-Technologien auf dem Markt.

Ein weiterer Vorteil ist ihre Umweltverträglichkeit. Im Vergleich zu anderen Lithium-Ionen-Batterien enthalten LiFePO4-Akkus kein Kobalt, dessen Gewinnung oftmals mit erheblichen Umwelt- und Menschenrechtsproblemen verbunden ist.

Trotz ihrer vielen Vorteile haben auch Lithium-Eisenphosphat-Akkus einige Nachteile. Ein Hauptnachteil ist ihre geringere Energiedichte im Vergleich zu anderen Lithium-Ionen-Batterien. Das bedeutet, dass sie mehr Platz benötigen, um die gleiche Menge an Energie zu speichern. Darüber hinaus sind ihre Anschaffungskosten höher als die von herkömmlichen Blei-Akkus.

Trotz dieser Nachteile sind Lithium-Eisenphosphat-Akkus aufgrund ihrer hohen Sicherheit, Langlebigkeit und Umweltverträglichkeit eine immer beliebtere Wahl zur Speicherung von Solarstrom.

Salzwasser Akku

Salzwasser-Akkus, auch bekannt als Natrium-Ionen-Akkus, sind eine relativ neue und innovative Technologie zur Energiespeicherung. Sie nutzen eine Salzwasser-Elektrolytlösung, um Energie zu speichern und freizusetzen.

Die Vorteile von Salzwasser-Akkus sind vor allem ihre Umweltfreundlichkeit und Sicherheit. Sie enthalten keine giftigen oder seltenen Materialien und sind vollständig recyclebar. Zudem sind sie nicht entflammbar und stellen kein Risiko für Explosionen oder Leckagen dar, was sie zu einer der sichersten Batterietechnologien auf dem Markt macht.

Ein weiterer Vorteil ist ihre Langlebigkeit. Salzwasser-Akkus haben eine hohe Zyklenfestigkeit und können viele Male aufgeladen und entladen werden, ohne dass ihre Kapazität signifikant abnimmt.

Trotz dieser Vorteile haben Salzwasser-Akkus auch einige Nachteile. Ein Hauptnachteil ist ihre geringe Energiedichte, was bedeutet, dass sie mehr Platz benötigen, um die gleiche Menge an Energie zu speichern wie andere Batterietechnologien. Darüber hinaus sind ihre Anschaffungskosten höher als die von herkömmlichen Blei-Akkus.

Ein weiterer Nachteil ist, dass Salzwasser-Akkus eine längere Ladezeit benötigen und nicht so schnell Energie freisetzen können wie andere Batterietypen. Dies macht sie weniger geeignet für Anwendungen, die eine schnelle Energiebereitstellung erfordern.

Trotz dieser Nachteile sind Salzwasser-Akkus aufgrund ihrer hohen Sicherheit und Umweltfreundlichkeit eine vielversprechende Option zur Speicherung von Solarstrom.

Warmwasser Speicher

Warmwasserspeicher sind eine effektive Möglichkeit, überschüssigen Solarstrom zu speichern, indem er in Wärme umgewandelt wird. Dies geschieht in der Regel durch zwei Methoden: Heizstäbe und Warmwasser-Wärmepumpen.

Heizstäbe sind einfache Geräte, die elektrische Energie direkt in Wärme umwandeln. Wenn überschüssiger Solarstrom zur Verfügung steht, wird dieser verwendet, um den Heizstab zu betreiben, der wiederum das Wasser im Speicher erwärmt. Diese Methode ist einfach, kostengünstig und zuverlässig.

Warmwasser-Wärmepumpen hingegen nutzen den Solarstrom, um eine Pumpe zu betreiben, die Wärme aus der Umgebungsluft oder aus dem Erdreich aufnimmt und auf das Wasser im Speicher überträgt. Diese Methode ist effizienter als die Verwendung eines Heizstabs, da sie mehr Wärmeenergie pro Einheit verbrauchter elektrischer Energie liefert.

Die Vorteile von Warmwasserspeichern sind die hohe Effizienz, die Möglichkeit, große Mengen an Energie zu speichern, und die Fähigkeit, die gespeicherte Energie über lange Zeiträume hinweg zu nutzen. Zudem können sie zur Bereitstellung von Warmwasser und zur Raumheizung genutzt werden, was ihren Nutzen noch erhöht.

Trotz ihrer vielen Vorteile haben Warmwasserspeicher auch einige Nachteile. Die Anschaffungs- und Installationskosten können hoch sein, insbesondere für Warmwasser-Wärmepumpen. Darüber hinaus benötigen sie Platz für die Installation und ändern das Raumklima.

Ein weiterer Nachteil ist, dass die Umwandlung von Strom in Wärme und zurück in Strom Energieverluste mit sich bringt. Dies macht Warmwasserspeicher weniger effizient als direkte elektrische Speicherlösungen.

Trotz dieser Nachteile sind Warmwasserspeicher aufgrund ihrer Vielseitigkeit und Effizienz eine wertvolle Option zur Speicherung von Solarstrom.

Power-to-Gas

Power-to-Gas ist eine vielversprechende neue Technologie zur Energiespeicherung, die überschüssigen Solarstrom in gasförmige Energieträger umwandelt, insbesondere in Wasserstoff oder Methan. Dies geschieht durch einen Prozess, der als Elektrolyse bekannt ist, bei dem Wasser unter Verwendung von Elektrizität in Wasserstoff und Sauerstoff zerlegt wird. Der erzeugte Wasserstoff kann dann direkt genutzt oder weiter in Methan umgewandelt werden, das in das Erdgasnetz eingespeist werden kann.

Die Vorteile von Power-to-Gas sind zahlreich.

Erstens bietet es eine Lösung für die Speicherung von überschüssigem Solarstrom, der sonst ungenutzt bleiben würde.

Zweitens ermöglicht es die Speicherung von Energie über lange Zeiträume und in großen Mengen, was mit Batterien oder Warmwasserspeichern nicht möglich ist.

Drittens kann das erzeugte Gas vielfältig genutzt werden, beispielsweise zur Stromerzeugung, zur Beheizung von Gebäuden oder als Treibstoff für Fahrzeuge.

Ein weiterer Vorteil von Power-to-Gas ist seine Kompatibilität mit der bestehenden Gasinfrastruktur. Das bedeutet, dass das erzeugte Gas einfach in das bestehende Erdgasnetz eingespeist werden kann, ohne dass dafür neue Infrastrukturen erforderlich sind.

Trotz dieser vielen Vorteile hat die Power-to-Gas-Technologie auch einige Nachteile. Der größte Nachteil ist derzeit noch die Effizienz. Der Prozess der Umwandlung von Strom in Gas und zurück in Strom ist mit erheblichen Energieverlusten verbunden. Darüber hinaus sind die Anschaffungs- und Betriebskosten für Power-to-Gas-Anlagen derzeit noch hoch.

Trotz dieser Herausforderungen wird Power-to-Gas als eine Schlüsseltechnologie für die Energiewende angesehen. Es könnte insbesondere in Regionen mit hohen Anteilen erneuerbarer Energien und Überschussproduktion von Solar- und Windstrom zum Einsatz kommen. Darüber hinaus könnte es eine wichtige Rolle bei der Dekarbonisierung des Verkehrs- und Heizsektors spielen, indem es grünes Gas für diese Sektoren bereitstellt.

Wie hole ich das meiste aus einer PV-Anlage raus?

Solaranlagen sind eine hervorragende Möglichkeit, erneuerbare Energie zu erzeugen und die Abhängigkeit von fossilen Brennstoffen zu reduzieren. Allerdings reicht es nicht aus, einfach nur eine Photovoltaik-Anlage (PV-Anlage) zu installieren. Es geht darum, wie man die Anlage effizient betreibt und das Maximum an Energie und Rendite aus ihr herausholt.

Es gibt mehrere Strategien, mit denen Du die Leistung und Effizienz Deiner PV-Anlage maximieren kannst. Diese reichen von der richtigen Positionierung und Ausrichtung der Solarpanels, über die regelmäßige Wartung und Reinigung, bis hin zur Verwendung von Energiespeichern und intelligenten Energiemanagementsystemen.

Im Folgenden werden wir diese Strategien genauer untersuchen und praktische Tipps geben, wie Du das meiste aus Deiner PV-Anlage herausholen kannst. Ob Du nun ein Hausbesitzer bist, der seine Stromrechnung senken möchte, oder ein Unternehmen, das seine Umweltbilanz verbessern will, diese Tipps können Dir helfen, Deine Ziele zu erreichen.

Ausrichtung

Die Ausrichtung und Neigung der PV-Module spielt eine entscheidende Rolle für die Menge an Sonnenenergie, die sie aufnehmen und in Strom umwandeln können. In unseren Breitengraden ist es optimal, die Module nach Süden auszurichten, um die meiste Sonneneinstrahlung über den Tag hinweg zu erhalten. Die Neigung der Module sollte dabei an den Stand der Sonne im Jahresverlauf angepasst werden.

Im Sommer steht die Sonne hoch am Himmel, daher ist eine geringere Neigung der Module optimal, um die maximale Sonneneinstrahlung zu erreichen. Im Winter hingegen steht die Sonne tiefer, daher sollten die Module steiler ausgerichtet sein, um mehr Sonnenlicht einzufangen.

Einige PV-Anlagen sind mit Nachführsystemen ausgestattet, die die Module automatisch in die optimale Position drehen, abhängig vom Stand der Sonne. Diese Systeme können die Leistung der Anlage erheblich steigern, sind jedoch auch teurer und wartungsintensiver.

Sollte eine Südausrichtung nicht möglich sein, können die Module auch nach Osten oder Westen ausgerichtet werden. Dies kann dazu führen, dass die Anlage morgens und abends mehr Strom produziert, wenn die Stromnachfrage oft höher ist. Es ist jedoch zu beachten, dass die Gesamtenergieproduktion bei Ost- oder Westausrichtung geringer ist als bei Südausrichtung.

Es ist wichtig zu beachten, dass die optimale Ausrichtung und Neigung auch von lokalen Gegebenheiten wie Schattenwurf durch Gebäude oder Bäume beeinflusst wird. Ein PV-Spezialist kann dabei helfen, die beste Lösung für Deine spezifische Situation zu finden.

Technik und Smart Home

1.Intelligente Energiemanagementsysteme
Intelligente Energiemanagementsysteme sind das Herzstück einer Solar-Smart-Home-Lösung. Sie über-wachen kontinuierlich den Energieverbrauch und die Energieerzeugung in Ihrem Zuhause und passen diese optimal aneinander an. Mit diesen Systemen können Sie Haushaltsgeräte so programmieren, dass sie bevorzugt dann betrieben werden, wenn die Photovoltaikanlage am meisten Strom erzeugt. So maximieren Sie den Eigen-verbrauch des Solarstroms und minimieren den Bedarf an Netzstrom, was zu erheblichen Energiekosteneinspar-ungen führen kann.

Ausrichtung (Abweichung vom Süden, 180=Norden)	Neigungswinkel (0=Flachdach, 90= Hauswand)																		
	0	5	10	15	20	25	30	35	40	45	50	55	60	65	70	75	80	85	90
20	86,5	89,8	92,6	94,9	96,7	98,0	98,8	99,1	98,9	98,1	96,9	95,0	92,8	90,1	87,0	83,5	79,5	75,2	70,6
25	86,5	89,7	92,4	94,6	96,3	97,6	98,3	98,6	98,3	97,5	96,1	94,4	92,3	89,6	86,5	83,0	79,1	74,9	70,4
30	86,5	89,6	92,1	94,1	95,8	97,0	97,6	97,9	97,5	96,7	95,5	93,8	91,6	88,9	85,8	82,4	78,6	74,4	70,1
35	86,5	89,4	91,8	93,7	95,3	96,2	96,9	97,0	96,6	95,8	94,6	92,8	90,6	87,9	85,0	81,6	77,9	73,9	69,6
40	86,5	89,2	91,4	93,2	94,5	95,5	96,0	96,0	95,5	94,7	93,5	91,6	89,4	87,0	84,0	80,7	77,0	73,1	69,0
45	86,5	89,0	91,0	92,6	93,8	94,6	95,0	94,9	94,4	93,6	92,1	90,4	88,3	85,8	82,8	79,6	76,1	72,2	68,1
50	86,5	88,7	90,5	92,0	93,0	93,6	93,9	93,7	93,2	92,1	90,7	89,0	87,0	84,4	81,4	78,4	74,9	71,2	67,3
55	86,5	88,5	90,1	91,3	92,1	92,6	92,7	92,4	91,7	90,7	89,3	87,6	85,3	82,7	80,1	77,0	73,6	69,9	66,2
60	86,5	88,3	89,6	90,5	91,1	91,4	91,3	91,0	90,7	89,0	87,6	85,9	83,6	81,2	78,5	75,5	72,1	68,7	65,0
65	86,5	88,0	89,0	89,7	90,1	90,2	89,9	89,4	88,5	87,3	85,9	84,0	81,9	79,6	76,8	73,7	70,6	67,3	63,6
70	86,5	87,7	88,4	89,0	89,0	88,9	88,4	87,6	86,8	85,6	84,0	82,1	80,0	77,6	74,9	72,0	69,0	65,7	62,1
75	86,5	87,4	87,9	88,0	87,9	87,6	87,0	86,1	85,0	83,7	82,0	80,1	78,0	75,6	72,9	70,2	67,3	63,9	60,6
80	86,5	87,1	87,3	87,1	86,7	86,2	85,4	84,4	83,1	81,7	79,9	78,1	75,9	73,5	71,0	68,2	65,3	62,1	59,0
85	86,5	86,7	86,6	86,2	85,6	84,7	83,8	82,6	81,2	79,6	77,9	75,9	73,7	71,3	68,8	66,1	63,2	60,3	57,3
90	86,5	86,4	86,0	85,3	84,4	83,3	82,1	80,7	79,2	77,5	75,6	73,6	71,4	69,0	66,6	63,9	61,2	58,4	55,3
95	86,5	86,1	85,3	84,4	83,1	81,9	80,4	78,8	77,1	75,3	73,3	71,3	69,0	66,7	64,3	61,6	59,0	56,2	53,3
100	86,5	85,9	84,7	83,4	81,9	80,3	78,6	76,8	75,0	73,0	71,0	68,9	66,7	64,4	61,9	59,3	56,8	54,1	51,3
105	86,5	85,5	84,1	82,4	80,7	78,8	76,9	74,9	72,8	70,8	68,7	66,5	64,2	61,9	59,5	57,0	54,5	51,9	49,3
110	86,5	85,2	83,5	81,6	79,5	77,3	75,1	72,9	70,7	68,5	66,3	64,0	61,8	59,5	57,0	54,7	52,1	49,7	47,3
115	86,5	84,9	82,9	80,7	78,3	75,9	73,3	71,0	68,5	66,2	63,9	61,6	59,3	57,0	54,6	52,3	49,9	47,6	45,2
120	86,5	84,5	82,3	79,8	77,1	74,4	71,6	69,0	66,4	63,9	61,5	59,1	56,8	54,5	52,2	50,0	47,7	45,5	43,1
125	86,5	84,4	81,8	79,0	76,0	73,0	70,0	67,0	64,3	62,2	59,5	56,7	54,4	52,1	49,9	47,7	45,5	43,3	41,3
130	86,5	84,1	81,2	78,1	74,9	71,6	68,4	65,3	62,2	59,5	56,8	54,4	52,0	49,8	47,6	45,5	43,5	41,4	39,4
135	86,5	83,9	80,7	77,4	73,9	70,4	66,9	63,5	60,3	57,3	54,6	52,1	49,8	47,6	45,5	43,4	41,4	39,5	37,6
140	86,5	83,6	80,3	76,7	73,0	69,2	65,5	61,9	58,5	55,3	52,5	49,9	47,6	45,4	43,4	41,5	39,6	37,8	36,0
145	86,5	83,4	79,9	76,1	72,0	68,1	64,2	60,5	56,9	53,6	50,6	47,9	45,6	43,4	41,5	39,6	37,9	36,1	34,5
150	86,5	83,3	79,5	75,5	71,4	67,3	63,3	59,3	55,6	52,1	48,8	46,1	43,6	41,6	39,6	37,9	36,3	34,7	33,1
155	86,5	83,0	79,2	75,0	70,4	66,4	62,4	58,4	54,5	50,8	47,4	44,4	41,9	39,9	38,0	36,4	34,8	33,3	31,9
160	86,5	83,0	78,9	74,6	70,1	65,9	61,7	57,6	53,6	49,9	46,3	43,1	40,4	38,3	36,5	35,0	33,5	32,1	30,8
165	86,5	82,8	78,7	74,3	69,8	65,4	61,2	57,0	53,0	49,1	45,5	42,1	39,3	37,0	35,3	33,9	32,4	31,2	29,9
170	86,5	82,7	78,5	74,0	69,4	65,0	60,8	56,6	52,5	48,6	44,9	41,5	38,5	36,1	34,4	33,0	31,6	30,4	29,3
175	86,5	82,7	78,4	73,9	69,3	64,9	60,6	56,4	52,2	48,3	44,5	41,1	38,1	35,6	33,9	32,4	31,2	29,9	28,8
180	86,5	82,7	78,4	73,8	69,2	64,8	60,5	56,3	52,1	48,1	44,4	41,0	37,9	35,5	33,7	32,3	31,0	29,8	28,7

2.Automatisierte Heiz- und Kühlungssysteme
Mit PV-Anlagen gekoppelte, automatisierte Heiz-
und Kühlungssysteme können dazu beitragen, die
Energie-effizienz Ihres Zuhauses erheblich zu steigern. Durch die Integration eines intelligenten Ther-
mostats können diese Systeme die Temperatur in
Ihrem Zuhause basierend auf den Wetterbedingun-
gen und Ihrer Präferenz einstellen. Wenn die PV-Anlage ausreichend Strom produziert, kann die Heizung
oder Klimaanlage genutzt werden, um die Temperatur zu optimieren und so Energiekosten zu sparen.

3.Elektroauto-Ladestationen
Für Eigentümer von Elektroautos stellt die Integration einer Ladestation in ein Solar-Smart-Home-System eine effiziente und kostengünstige Lösung dar.
Die Ladestation kann so programmiert werden, dass
sie Ihr Auto lädt, wenn Ihre Photovoltaikanlage am
meisten Strom produziert. Dies ermöglicht es Ihnen,
Ihr Elektroauto mit sauberem, selbst erzeugtem Solarstrom zu laden und gleichzeitig die Energiekosten
zu reduzieren.

4.Intelligente Speichersysteme
Intelligente Speichersysteme sind eine Schlüssel-
komponente jeder Solar-Smart-Home-Lösung. Sie
speichern den von Ihrer Photovoltaikanlage erzeugten Strom für die Nutzung in Zeiten, wenn die Sonne
nicht scheint. Darüber hinaus können sie dazu beitragen, Ihren Energieverbrauch zu optimieren, indem

sie Strom speichern, wenn die Netzstrompreise niedrig sind, und ihn abgeben, wenn die Preise hoch sind.

5.Sprachsteuerung

Die Integration von Sprachassistenten wie Amazon Alexa oder Google Assistant in Ihr Solar-Smart-Home-System kann den Komfort und die Benutzerfreundlichkeit erheblich erhöhen. Mit einfachen Sprachbefehlen können Sie den Betrieb Ihrer Haushaltsgeräte steuern, die Einstellungen Ihrer Heizung anpassen oder Informationen über Ihre Energieerzeugung und -nutzung abrufen. So können Sie Ihren Solarstrom optimal nutzen und gleichzeitig den Komfort in Ihrem Zuhause erhöhen.

Diese Smart-Home-Lösungen können dazu beitragen, den Komfort und die Energieeffizienz in Ihrem Zuhause zu erhöhen und die Vorteile Ihrer Photovoltaikanlage optimal zu nutzen. Bei der Auswahl und Implementierung dieser Lösungen sollten Sie jedoch stets Ihre individuellen Bedürfnisse und Umstände berücksichtigen.

Wechselrichter, Hybridwechselrichter oder Microwechselrichter

Wechselrichter sind ein zentraler Bestandteil jeder PV-Anlage. Sie wandeln den durch die Solarzellen erzeugten Gleichstrom in Wechselstrom um, der dann im Haushalt genutzt oder ins Stromnetz eingespeist werden kann. Es gibt verschiedene Arten von

Wechselrichtern, die jeweils ihre eigenen Vor- und Nachteile haben.

1. Standard-Wechselrichter: Diese sind die am weitesten verbreiteten und kostengünstigsten Wechselrichter. Sie sind dafür ausgelegt, den Gleichstrom von mehreren PV-Modulen gleichzeitig umzuwandeln. Der Nachteil ist, dass sie nur so gut funktionieren wie das schwächste Modul in der Reihe. Wenn also ein Modul im Schatten liegt oder defekt ist, kann dies die Leistung des gesamten Systems beeinträchtigen.

2. Mikrowechselrichter: Diese sind kleiner und werden an einzelne PV-Module angeschlossen. Sie wandeln den Gleichstrom jedes Moduls separat um, was bedeutet, dass jedes Modul unabhängig von den anderen arbeiten kann. Dies kann die Gesamtleistung der Anlage verbessern, insbesondere wenn einige Module im Schatten liegen oder unterschiedlich ausgerichtet sind. Mikrowechselrichter sind jedoch teurer und können komplexer zu installieren sein. Dafür ist die Lebensdauer und Ausfallwahrscheinlichkeit geringer.

3. Hybridwechselrichter: Diese kombinieren einen Standard-Wechselrichter mit einem Batteriewechselrichter. Sie können den Gleichstrom von den PV-Modulen umwandeln und gleichzeitig überschüssigen Strom in einer angeschlossenen Batterie

speichern. Das bedeutet, dass sie die Möglichkeit bieten, Solarstrom für die Nutzung zu einem späteren Zeitpunkt zu speichern, was die Eigenverbrauchsrate und die Unabhängigkeit vom Stromnetz erhöhen kann. Hybridwechselrichter sind jedoch teurer und benötigen eine kompatible Batterie.

Die Wahl des richtigen Wechselrichters hängt von verschiedenen Faktoren ab, darunter die Größe und Ausrichtung der PV-Anlage, die örtlichen Schattenverhältnisse und das Budget. Ein Solarberater kann dabei helfen, die beste Lösung für Deine spezifische Situation zu finden.

Was ist besser, Kaufen oder Mieten?

In diesem Kapitel werden wir zwei gängige Optionen für den Zugang zu Solarenergie untersuchen: den Kauf und die Miete von Photovoltaikanlagen (PV-Anlagen). Beide Optionen haben ihre Vor- und Nachteile, und die beste Wahl hängt von Ihren individuellen Bedürfnissen und Umständen ab.

Beim Kauf einer PV-Anlage tragen Sie die Kosten für den Kauf und die Installation. Diese Kosten können erheblich sein und es kann notwendig sein, einen Kredit aufzunehmen, um diese zu decken. Allerdings haben Sie dann die volle Kontrolle über die Anlage und können den gesamten von der Anlage erzeugten Strom nutzen oder verkaufen. Darüber hinaus können Sie in vielen Ländern staatliche Subventionen und Steueranreize für den Kauf von PV-Anlagen in

Anspruch nehmen, die die Gesamtkosten erheblich senken können. Es ist jedoch wichtig zu berücksichtigen, dass beim Kauf und der Installation einer Anlage Probleme auftreten können, wie zum Beispiel Montageverzögerungen oder Montagefehler, die zusätzliche Kosten und Unannehmlichkeiten verursachen können.

Die Miete einer PV-Anlage hingegen bietet den Vorteil, dass Sie sofort mit der Nutzung der Solarenergie beginnen können, ohne die hohen Anfangsinvestitionen zu tätigen oder einen Kredit aufnehmen zu müssen. Die Wartung und Reparatur der Anlage liegt in der Verantwortung des Vermieters, was Ihnen zusätzliche Sicherheit und Komfort bietet. Das beinhaltet auch die Behebung möglicher Montageprobleme. Sie zahlen eine monatliche Gebühr für die Nutzung der Anlage und haben in der Regel nur Zugang zu einem Teil des von der Anlage erzeugten Stroms. Ein weiterer Vorteil der Miete ist, dass Sie am Ende der Mietdauer oft die Möglichkeit haben, die Anlage kostenlos zu übernehmen.

Es ist auch wichtig, die langfristigen finanziellen Auswirkungen beider Optionen zu betrachten. Der Kauf einer PV-Anlage kann eine höhere Rendite bringen, wenn Sie den erzeugten Strom verkaufen oder Ihre Stromrechnung erheblich senken können. Bei der Miete einer Anlage sind die finanziellen Vorteile in der Regel geringer, aber die Kosten sind auch vorhersehbarer und einfacher zu managen.

Insgesamt gibt es keine "eine Größe für alle" Lösung, wenn es um den Kauf oder die Miete von PV-Anlagen geht. Es ist wichtig, Ihre individuellen Bedürfnisse, Ihre finanzielle Situation und Ihre langfristigen Energieziele zu berücksichtigen, bevor Sie eine Entscheidung treffen. In den folgenden Kapiteln werden wir tiefer in die Details beider Optionen eintauchen, damit Sie die beste Entscheidung für Ihre Bedürfnisse treffen können.

Wer darf Was an einer PV-Anlage machen?

Es ist wichtig zu verstehen, welche Arbeiten an einer PV-Anlage von wem durchgeführt werden dürfen, um die Sicherheit und die ordnungsgemäße Funktion der Anlage zu gewährleisten. Hier sind einige grundlegende Richtlinien:

1. Installation: Die Installation einer PV-Anlage ist eine komplexe Aufgabe, die Kenntnisse in den Bereichen Elektrik, Dacharbeiten und Sicherheit erfordert. Daher sollte sie von qualifizierten Fachleuten durchgeführt werden. In einigen Ländern ist es sogar gesetzlich vorgeschrieben, dass die Installation von zertifizierten Installateuren durchgeführt wird.

2. Wartung und Reparaturen: Die meisten Wartungsarbeiten, wie die Reinigung der Module, können von den Anlagenbesitzern selbst durchgeführt werden, solange sie sicher und vorsichtig sind. Reparaturen und technische Wartungsarbeiten, wie der Austausch von Teilen oder die Behebung von elektrischen Problemen, sollten jedoch von qualifizierten Fachleuten durchgeführt werden.

3. Änderungen und Erweiterungen: Wenn Du planst, Deine PV-Anlage zu erweitern oder größere Änderungen vorzunehmen, ist es ratsam, dies von einem Fachmann durchführen zu lassen. Dies stellt sicher, dass die Anlage ordnungsgemäß installiert und an das Stromnetz angeschlossen wird und dass alle gesetzlichen Vorschriften eingehalten werden.

Es ist wichtig, immer die Sicherheit zu priorisieren und bei Unsicherheit einen Fachmann zu Rate zu ziehen. Darüber hinaus kann die Durchführung von Arbeiten durch nicht qualifizierte Personen die Garantie der Anlage ungültig machen und sogar zu strafrechtlichen Konsequenzen führen.

Wofür braucht man eine PowerStation?

Eine PowerStation, auch bekannt als mobile Energiespeicher oder Power Banks, ist ein tragbares Gerät, das Energie speichert und auf Wunsch abgibt – eine Art mobile Steckdose also. Aber wofür braucht man eigentlich eine PowerStation? Hier sind einige Anwendungsmöglichkeiten:

Backup-Stromquelle

Eine der Hauptfunktionen einer PowerStation ist die Bereitstellung einer Backup-Stromquelle. Stromausfälle passieren und in solchen Situationen kann eine PowerStation lebensrettend sein. Sie ermöglicht es, wichtige Geräte wie das Handy, den Laptop oder sogar medizinische Geräte wie ein CPAP-Gerät am Laufen zu halten.

Outdoor-Aktivitäten und Camping

PowerStations sind ideale Begleiter für Camping-Trips und Outdoor-Aktivitäten. Sie können benutzt werden, um Laternen, Radios, Lüfter, mobile Heizgeräte oder Kühlschränke zu betreiben, und natürlich, um Handys und Kameras aufzuladen.

Mobile Arbeit

Für Menschen, die viel unterwegs sind oder an Orten ohne verlässliche Stromversorgung

Integration an einem Balkonkraftwerk

Ein Balkonkraftwerk, auch Stecker-Solar oder Guerilla-PV genannt, ist eine kleine Photovoltaikanlage, die auf dem Balkon, der Terrasse oder dem Garten installiert und direkt in das hauseigene Stromnetz eingespeist werden kann. Eine PowerStation kann hier als zusätzlicher Energiespeicher dienen.

Die von der Solaranlage erzeugte Energie, die nicht sofort verbraucht wird, kann in der PowerStation gespeichert werden. So können Sie auch nachts oder bei schlechtem Wetter Solarstrom nutzen. Dies erhöht die Autarkie und senkt die Stromkosten. Es ist auch eine umweltfreundliche Lösung, da überschüssiger Solarstrom nicht ins Netz zurückgespeist, sondern selbst genutzt wird.

Es ist zu beachten, dass für die Integration einer PowerStation an einem Balkonkraftwerk spezielle

Anforderungen gelten können, insbesondere in Bezug auf Sicherheit und elektrische Anschlüsse. Es empfiehlt sich daher, einen Fachmann zu konsultieren oder sich gründlich zu informieren, bevor man eine solche Installation vornimmt.

FINANZIELLE WIRTSCHAFT- LICHKEIT UND BERECHNUNG

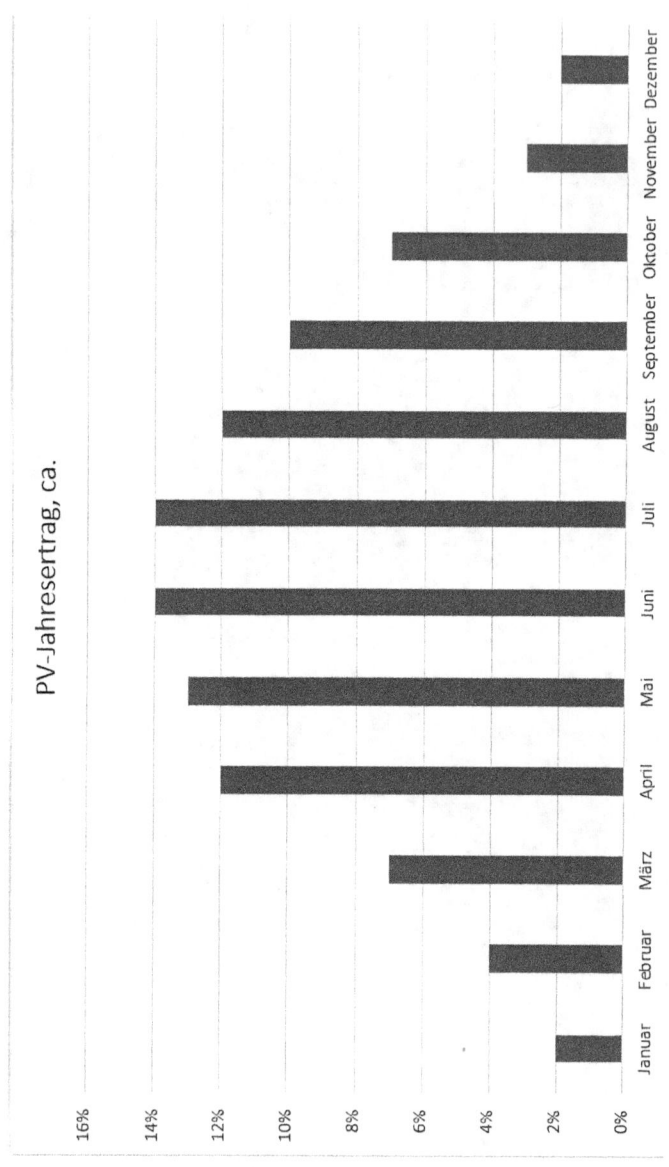

PV-Jahresertrag, ca.

Die finanzielle Wirtschaftlichkeit einer Photovoltaik-Anlage hängt von vielen Faktoren ab, einschließlich der Größe der Anlage, der Menge des erzeugten und verbrauchten Stroms, den Kosten für die Installation und Wartung der Anlage, den Strompreisen und eventuell vorhandenen Förderprogrammen. Hier sind zwei Beispielberechnungen, die zeigen, wie die finanzielle Wirtschaftlichkeit einer PV-Anlage mit und ohne Batteriespeicher berechnet werden kann:

Beispiel 1:
PV-Anlage ohne Batteriespeicher Angenommen, Sie installieren eine PV-Anlage mit einer Leistung von 5 kWp, die jährlich etwa 5000 kWh Strom erzeugt. Die Kosten für die Installation der Anlage betragen 10.000 €.
Sie verbrauchen 70% des erzeugten Stroms selbst und speisen den Rest in das öffentliche Netz ein. Der Preis für den von Ihnen verbrauchten Strom beträgt 0,30 €/kWh und die Einspeisevergütung beträgt 0,10 €/kWh.

Die jährliche Ersparnis durch den selbst verbrauchten Strom beträgt 5000 kWh * 70% * 0,30 €/kWh = 1050 €. Die Einnahmen aus der Einspeisung betragen 5000 kWh * 30% * 0,10 €/kWh = 150 €. Die jährlichen Gesamteinnahmen betragen daher 1200 €.

Die Amortisationszeit der Anlage beträgt 10.000 € / 1200 €/Jahr = 8,3 Jahre. Nach dieser Zeit wird die Anlage Gewinn erzielen.

Beispiel 2:
PV-Anlage mit Batteriespeicher Angenommen, Sie installieren die gleiche PV-Anlage wie im ersten Beispiel, aber mit einem Batteriespeicher, der zusätzliche Kosten von 5000 € verursacht. Durch den Batteriespeicher können Sie 90% des erzeugten Stroms selbst verbrauchen.
Die jährliche Ersparnis durch den selbst verbrauchten Strom beträgt nun 5000 kWh * 90% * 0,30 €/kWh = 1350 €.

Die Einnahmen aus der Einspeisung betragen 5000 kWh * 10% * 0,10 €/kWh = 50 €, so dass die jährlichen Gesamteinnahmen 1400 € betragen.

Die Amortisationszeit der Anlage beträgt jetzt (10.000 € + 5000 €) / 1400 €/Jahr = 10,7 Jahre.
Obwohl die Amortisationszeit in diesem Fall länger ist, bietet die Anlage mit Batteriespeicher eine größere Unabhängigkeit vom Stromnetz und eine stabilere Stromversorgung.

Achtung:
Die aktuellen Einspeisevergütungen und der Strompreis sind in die Rechnung einzusetzen.
Die Werte dienen nur zur einfachen Verdeutlichung!

Wirtschaftlichkeitsanalyse

1. Ihre Daten

Verbrauchsdaten	Haushalt		PV-Anlagendaten	
Aktuell Arbeitspreis ct / kWh:	27,79 ct / kWh		Spezifischer Ertrag:	900 kWh/kWp
Grundpreis € / Monat:	10,00 € / Monat		Leistung-PV:	9,72 kWp
Ihr jährlicher Stromverbrauch:	3900 kWh		Solarstromproduktion:	8.748 kWh
Ihr Stromverbrauch (Wall Box):	0 kWh		Speichergröße:	9,0 kWh
Ihre jährliche Stromkosten:	1203,81 €			
Autarkiegrad:	81 %		**Summen laut Angebot**	
PV Direktverbrauch:	3159 kWh		Preis netto ohne MwSt.:	25.131 €
Höhe EEG < 10 kWp Stand heute:	8,60 ct / kWh		Betrachtungszeitraum:	20 Jahre
Höhe EEG > 10 kWp Stand heute:	7,50 ct / kWh			
Höhe EEG für Kalkulation Stand heute:	8,60 ct / kWh			

2. Strompreisberechnung - Ausgangssituation ohne Photovoltaik

			monatlich	mit	5 % Strompreiserhöhung (nach 20 Jahren)
Stromkosten ohne PV	3900 kWh		100,32 €		266,17 €

3. Gesamtsummen nach Investition mit Photovoltaik

		monatlich	mit	5 % Strompreiserhöhung (nach 20 Jahren)
Reststromkosten	741 kWh	19,06 €		50,57 €
Abzgl. Netzeinspeisung / EEG	5589 kWh	-40,05 €		-40,05 €
Stromkosten mit PV gesamt		-20,99 €		10,52 €
Monatliche Ersparnis		121,31 €		255,65 €
Jährliche Ersparnis		1.455,74 €		3.067,85 €

4. Ihr Gesamtüberblick in 20 Jahren

Strompreiserhöhung:	5,00 %	
Stromkosten ohne PV 20 Jahren:	41.795 €	
Reststromkosten 20 Jahren:	12.137 €	
Einnahmen EEG 20 Jahren:	-9.613 €	
Anschaffung netto:	25.131 €	
Nebenkosten in % (jährlich):	1 %	
Nebenkosten (Wartung, Versicherung, etc.):	5.026,21 €	
Stromkosten mit PV+Speicher 20 Jahren:	2.524 €	
Ihre Ersparnis:	34.245 €	
Amortisation in:	14,68 Jahre	

CO2 Emission ohne PV-Anlage (20 Jahre):	28,55 t
CO2 Einsparung mit Stromspeicher (20 Jahren):	23,12 t
*Quelle: umweltbundesamt.de (336g / kWh)	

Rendite: 6,81 %

Ihre Ersparnis: 34.245 €

Solarstromproduktion → Netzeinspeisung/EEG

8.748 kWh → 5589 kWh

Eigenverbrauch ↓ Reststrombezug

3159 kWh 741 kWh

*Alle Angaben aus dieser Musterberechnung sind unverbindlich und ohne Garantie. Die Kalkulationsergebnisse beruhen auf Annahmen und können vom tatsächlichen Ergebnis abweichen.

Was ist, wenn der Strom ausbleibt?

Ein wichtiger Aspekt, den Sie bei der Entscheidung für eine Photovoltaikanlage berücksichtigen sollten, ist die Frage: Was passiert, wenn der Strom ausfällt? In diesem Kapitel werden wir uns mit den Begriffen Ersatzstrom, Notstromfunktion und Schwarzstartfähigkeit beschäftigen, die dabei eine wichtige Rolle spielen.

Ersatzstrom bezeichnet eine alternative Stromquelle, die einspringt, wenn die Hauptstromquelle ausfällt. Bei einer Photovoltaikanlage kann dies beispielsweise ein Batteriespeicher sein, der Energie speichert, wenn die Sonne scheint, und diese bei einem Stromausfall abgibt. Ersatzstrom ist besonders wichtig in Bereichen, wo ein kontinuierlicher Betrieb gewährleistet sein muss, wie beispielsweise in Ihrem Zuhause.

Einige Photovoltaikanlagen verfügen über eine Notstromfunktion oder eine Notstromsteckdose. Diese können bei einem Stromausfall genutzt werden, um wichtige Geräte weiter mit Energie zu versorgen. Es ist jedoch wichtig zu beachten, dass diese Funktion den Batteriespeicher der Anlage bei längerer Nutzung leer machen kann, wenn das öffentliche Netz nicht wiederhergestellt wird.

Schwarzstartfähigkeit ist die Fähigkeit einer Stromerzeugungsanlage, nach einem totalen oder teilweisen Stromausfall den Betrieb wieder aufzunehmen, ohne auf externe Stromquellen angewiesen zu sein. Eine Photovoltaikanlage mit Batteriespeicher und einem geeigneten Wechselrichter kann schwarzstartfähig sein, was bedeutet, dass sie in der Lage ist, nach einem Stromausfall wieder Energie zu liefern, selbst wenn das öffentliche Netz noch nicht wiederhergestellt ist.

Es ist jedoch wichtig zu beachten, dass wenn eine Photovoltaikanlage keine Ersatzstromfunktion hat, sie durch den Netz- und Anlagenschutz bei einem Stromausfall abschaltet. Ohne Schwarzstartfähigkeit wird die Anlage am nächsten Morgen nicht wieder hochfahren, wenn das öffentliche Netz noch nicht wiederhergestellt ist.

Insgesamt ist es wichtig, bei der Planung einer Photovoltaikanlage die Möglichkeit von Stromausfällen zu berücksichtigen und geeignete Vorkehrungen für Ersatzstrom, Notstromfunktionen und Schwarzstartfähigkeit zu treffen. Dies kann dazu beitragen, Ihre Energieversorgung sicherzustellen und Ihren Komfort und Ihre Sicherheit auch in schwierigen Situationen zu gewährleisten.

UNTERSCHIEDE UND GEMEINSAMKEITEN ZWISCHEN GROß- UND KLEINANLAGEN

Balkonkraftwerke (DIY)

Balkonkraftwerke, auch als Plug-In-Solaranlagen bekannt, sind kleine, autonome Photovoltaik-Anlagen, die sich perfekt für den Eigengebrauch in Wohngebäuden eignen. Sie sind so konzipiert, dass sie einfach auf einem Balkon, einer Terrasse oder sogar auf einem Fensterbrett aufgestellt werden können.

Diese Art von Anlage besteht typischerweise aus ein oder zwei Solarmodulen, einem kleinen Wechselrichter und einem Stecker, der direkt in eine herkömmliche Steckdose eingesteckt werden kann. Die Anlage erzeugt Gleichstrom, der durch den Wechselrichter in Wechselstrom umgewandelt wird, der dann direkt im Haushalt genutzt werden kann.

Die Vorteile von Balkonkraftwerken sind ihre Einfachheit und ihr geringer Platzbedarf. Sie benötigen keine komplizierte Installation oder Verkabelung und können von den meisten Menschen selbst aufgebaut und betrieben werden. Außerdem sind sie relativ kostengünstig und können dazu beitragen, die Stromrechnung zu senken.

Ein Nachteil ist jedoch, dass sie nur eine begrenzte Menge an Strom erzeugen können. Daher sind sie am besten als Ergänzung zu anderen Energiequellen geeignet, nicht als Hauptenergiequelle. Außerdem müssen sie sicher und korrekt installiert werden, um elektrische Sicherheitsrisiken zu vermeiden.

In einigen Ländern kann die Nutzung von Balkonkraftwerken gesetzlich eingeschränkt sein, daher ist
es wichtig, die lokalen Vorschriften zu überprüfen,
bevor man sich für diese Art von Anlage entscheidet.

Guerilla PV-Anlagen (verboten)

Guerilla PV-Anlagen sind eine Form von Photovoltaik-Installationen, die ohne Genehmigung des Netzbetreibers direkt in das öffentliche Stromnetz einspeisen. Der Begriff "Guerilla" bezieht sich auf ihre inoffizielle und oft illegale Natur.

Diese Anlagen bestehen in der Regel aus kleinen Solarpaneelen, die auf Balkonen, Fensterbrettern oder anderen privaten Flächen installiert und dann direkt in eine herkömmliche Steckdose eingesteckt werden. Der so erzeugte Strom wird dann sofort verbraucht oder ins öffentliche Netz eingespeist.

Obwohl Guerilla PV-Anlagen eine kostengünstige und einfache Möglichkeit zur Erzeugung von Solarstrom darstellen können, sind sie in vielen Ländern, einschließlich Deutschland, illegal. Der Grund dafür ist, dass sie eine Reihe von Sicherheitsrisiken darstellen können, einschließlich der Gefahr von elektrischen Schlägen und Bränden. Darüber hinaus können sie das Stromnetz destabilisieren und andere elektronische Geräte beschädigen.

Aus diesen Gründen ist es wichtig, immer die entsprechenden Genehmigungen einzuholen und die korrekten Installationsverfahren zu befolgen, wenn man eine PV-Anlage installiert. Obwohl es verlockend sein mag, eine Guerilla PV-Anlage als einfache und kostengünstige Lösung zu betrachten, sind die Risiken und potenziellen Strafen einfach zu hoch, um sie zu rechtfertigen.

Insel PV-Anlage

Eine Insel PV-Anlage, auch als Off-Grid- oder autonome PV-Anlage bekannt, ist eine Photovoltaik-Installation, die unabhängig vom öffentlichen Stromnetz arbeitet. Diese Anlagen erzeugen und verbrauchen ihren gesamten Strom vor Ort und speichern überschüssige Energie in Batterien für den späteren Gebrauch.

Insel PV-Anlagen bestehen in der Regel aus einer oder mehreren Solarmodulen, einem oder mehreren Batteriespeichern, einem Laderegler, der den Ladevorgang der Batterien steuert, und einem Wechselrichter, der den Gleichstrom aus den Modulen und Batterien in Wechselstrom umwandelt.

Diese Art von Anlage ist besonders nützlich in abgelegenen Gebieten, wo kein Zugang zum Stromnetz besteht, oder als Backup-Stromversorgung bei Stromausfällen. Sie kann auch eine nachhaltige und kosteneffiziente Lösung für Menschen sein, die eine größere Unabhängigkeit von Stromversorgern und eine geringere Umweltbelastung anstreben.

Die Größe und Leistung einer Insel PV-Anlage hängt stark von den individuellen Energiebedürfnissen, der verfügbaren Sonneneinstrahlung und dem verfügbaren Budget ab. Die Installation und Wartung kann komplexer sein als bei netzgebundenen Anlagen, da es notwendig ist, die Größe der Anlage und die Kapazität der Batterien sorgfältig auf den Energiebedarf abzustimmen und die Batterien regelmäßig zu warten und schließlich zu ersetzen.

Normale Haus PV-Anlage

Eine normale Haus PV-Anlage, oft als Dach-PV-Anlage bezeichnet, ist eine Photovoltaik-Installation, die auf dem Dach eines Wohngebäudes installiert ist. Sie besteht typischerweise aus einer Anzahl von Solarmodulen, die auf einer Montagestruktur befestigt sind, einem Wechselrichter, der den erzeugten Gleichstrom in Wechselstrom umwandelt, und einer Verbindung zum Hausstromnetz und oft auch zum öffentlichen Stromnetz.

Die Hauptvorteile einer Haus PV-Anlage sind die Möglichkeit, erhebliche Energiekosten zu sparen, die Emission von Treibhausgasen zu reduzieren und die Unabhängigkeit vom Stromnetz zu erhöhen. Sie können auch eine attraktive Investition sein, da überschüssiger Strom oft ins Stromnetz eingespeist und vergütet werden kann.

Die Größe und Leistung der Anlage hängt von mehreren Faktoren ab, darunter die Größe und Ausrichtung des Dachs, die Menge der verfügbaren Sonneneinstrahlung und der Energiebedarf des Haushalts. Eine typische Haus PV-Anlage kann zwischen 3 und 10 Kilowatt (kW) Leistung haben und je nach diesen Faktoren zwischen 3.000 und 10.000 Kilowattstunden (kWh) Strom pro Jahr erzeugen.

Die Installation einer Haus PV-Anlage erfordert eine sorgfältige Planung und sollte von qualifizierten Fachleuten durchgeführt werden. Es ist auch wichtig, lokale Bauvorschriften und Netzanschlussbedingungen zu beachten.

PV-Carport mit Ladestation

Ein PV-Carport mit Ladestation ist eine innovative und nachhaltige Lösung, die speziell für Gewerbeparkplätze konzipiert wurde. Diese Struktur nutzt die vorhandene freie Fläche über Parkplätzen, um Solarmodule zu installieren, die Strom für angeschlossene Ladestationen erzeugen.

Die Konzeption sieht vor, dass aus fünf ursprünglichen Freiflächenparkplätzen drei überdachte Parknischen entstehen. Dies ist ein Trade-off, da zwei Parkplätze geopfert werden, um Raum für die Installation des PV-Carports zu schaffen. Die verbleibenden drei Parkplätze erhalten jedoch eine Überdachung und Zugang zu den Ladestationen für Elektrofahrzeuge.

Die Solarmodule auf dem Carport erzeugen Gleichstrom, der durch einen Wechselrichter in Wechselstrom umgewandelt wird. Dieser kann dann direkt zum Laden der Elektrofahrzeuge verwendet werden oder ins Netz eingespeist werden.

Trotz des Verlusts von zwei Parkplätzen bietet ein solches System zahlreiche Vorteile. Es ermöglicht die Nutzung von erneuerbarer Energie, bietet Schutz für die Fahrzeuge und erleichtert das Laden von Elektrofahrzeugen. Darüber hinaus kann es dazu beitragen, die Betriebskosten zu senken und einen wertvollen Beitrag zur Nachhaltigkeit des Betriebes zu leisten.

Die Installation eines PV-Carports mit Ladestation erfordert eine sorgfältige Planung und sollte von Fachleuten durchgeführt werden, um sicherzustellen, dass alle Aspekte, einschließlich der Größe und Ausrichtung des Carports, der Anzahl und Leistung der Ladestationen und der Netzanschlussbedingungen, berücksichtigt werden.

Freiflächen PV-Anlage

Eine Freiflächen PV-Anlage, auch als Solarpark oder Solarkraftwerk bekannt, ist eine großflächige Photovoltaik-Installation, die auf offenem Gelände errichtet wird. Diese Anlagen sind oft größer und leistungsfähiger als Dachanlagen oder andere Arten von städtischen PV-Anlagen.

Freiflächen PV-Anlagen bestehen in der Regel aus einer großen Anzahl von Solarmodulen, die auf Metallstrukturen montiert sind, sowie einem oder mehreren Wechselrichtern, die den erzeugten Gleichstrom in Wechselstrom umwandeln. Sie können auch Überwachungs- und Steuerungssysteme enthalten, die den Betrieb der Anlage optimieren und Ausfälle frühzeitig erkennen.

Der Hauptvorteil von Freiflächen PV-Anlagen ist ihre hohe Leistung und Effizienz. Da sie nicht durch Schatten oder andere städtische Strukturen beeinträchtigt werden, können sie eine größere Menge an Sonnenlicht einfangen und in Strom umwandeln. Sie können auch in größerem Maßstab gebaut werden, was zu geringeren Kosten pro Watt und damit zu niedrigeren Strompreisen führt.

Ein Nachteil von Freiflächen PV-Anlagen ist, dass sie eine große Menge an freiem Land erfordern, was in einigen Gebieten ein knappes und teures Gut sein kann. Sie können auch Auswirkungen auf die lokale Umwelt und die Tierwelt haben, die sorgfältig berücksichtigt und minimiert werden müssen.

Die Planung und Installation einer Freiflächen PV-Anlage erfordert eine gründliche Standortanalyse, eine sorgfältige technische Planung und oft umfangreiche Genehmigungsverfahren. Sie sollten von qualifizierten Fachleuten durchgeführt werden, die Erfahrung mit Großprojekten haben.

Industrie PV-Anlage

Eine Industrie PV-Anlage ist eine Photovoltaik-Installation, die speziell für den Einsatz in industriellen Umgebungen konzipiert ist. Diese Anlagen können entweder auf den Dächern von Industriegebäuden oder auf angrenzenden Freiflächen installiert werden und dienen dazu, den hohen Energiebedarf von industriellen Prozessen zu decken. Industrielle PV-Anlagen bestehen in der Regel aus einer großen Anzahl von Solarmodulen, einem oder mehreren Wechselrichtern, die den erzeugten Gleichstrom in Wechselstrom umwandeln, und einem System zur Überwachung und Steuerung der Anlage. Sie können auch mit Energiespeichern ausgestattet sein, um die Energie für den späteren Gebrauch zu speichern.

Der Hauptvorteil von industriellen PV-Anlagen ist ihre Fähigkeit, erhebliche Mengen an Strom zu erzeugen und damit die Betriebskosten zu senken und die Nachhaltigkeit der Betriebe zu verbessern. Sie können auch dazu beitragen, die Netzstabilität zu verbessern und die Abhängigkeit von fossilen Brennstoffen zu verringern.

Ein Nachteil von industriellen PV-Anlagen ist, dass sie eine erhebliche Anfangsinvestition erfordern. Sie können auch spezifische technische Herausforderungen mit sich bringen, wie die Notwendigkeit, die

Anlage in bestehende industrielle Prozesse und Infrastrukturen zu integrieren.

Die Planung und Installation einer industriellen PV-Anlage sollte von erfahrenen Fachleuten durchgeführt werden und erfordert eine sorgfältige Analyse der Standortbedingungen, des Energiebedarfs und der technischen Anforderungen.

STEP-BY-STEP-ANLEITUNG ZUR INSTALLATION VON KLEINANLAGEN (DIY)

Einfache Balkonkraftanlage

1. Auswahl der Komponenten: Wähle ein Solarmodul mit der richtigen Leistung für Deinen Balkon aus. Ein Balkonkraftwerk besteht in der Regel aus einem oder mehreren kleinen Solarmodulen (ca. 100-400W) und einem Wechselrichter in Deutschland maximal 800W, der den erzeugten Gleichstrom in Wechselstrom umwandelt.

2. Montage: Befestige das Solarmodul an einem geeigneten Ort auf Deinem Balkon, einer Terrasse, der Garage oder einem anderen geeigneten Ort wo sie den größten Teil des Tages direktem Sonnenlicht ausgesetzt sind.

3. Anschluss: Verbinde das Solarmodul mit dem Wechselrichter und stecke den Wechselrichter in eine normale Steckdose. Oder die vom Elektriker vorgesehen Solarsteckdose. Stelle sicher, dass alle Verbindungen sicher sind.

Guerilla PV-Anlage (verboten)

Die Installation einer Guerilla PV-Anlage ist in vielen Ländern illegal und kann zu schweren Strafen führen. Es wird dringend davon abgeraten, eine solche Anlage zu installieren.

Kleine Inselanlage

1. Auswahl der Komponenten: Eine kleine Inselanlage besteht in der Regel aus einem oder mehreren Solarmodulen, einem Batteriespeicher, einem Laderegler und einem Wechselrichter.

2. Montage: Befestige die Solarmodule an einem geeigneten Ort, wo sie den größten Teil des Tages direktem Sonnenlicht ausgesetzt sind.

3. Anschluss: Verbinde die Solarmodule mit dem Laderegler, der Batterie und dem Wechselrichter entsprechend den Anweisungen des Herstellers. Stelle sicher, dass alle Verbindungen sicher sind.

PV-Carport
für den Heimgebrauch

1. Planung: Bestimme die Größe und Ausrichtung des Carports, die Anzahl und Leistung der Solarmodule und die Anforderungen an die Ladestation.

2. Bau des Carports: Baue den Carport entsprechend Deiner Planung. Stelle sicher, dass er stabil genug ist, um die Solarmodule und die Ladestation zu tragen.

3. Installation der Solarmodule: Befestige die Solarmodule auf dem Dach des Carports und verbinde sie mit einem Wechselrichter.

4. Installation der Ladestation: Installiere die Ladestation an einem geeigneten Ort und verbinde sie mit dem Wechselrichter.

5. Anschluss: Der Anschluss des Wechselrichters an das Stromnetz sollte von einem qualifizierten Elektriker durchgeführt werden. Alternativ kann die Anlage als Inselanlage betrieben werden, wobei die erzeugte Energie in Batterien gespeichert und direkt verbraucht wird.

PLANUNGSTIPPS ZUR INSTALLATION VON GROSSANLAGEN

(FÜR DEN FACHMANN)

Normale PV-Anlage

1. Standortanalyse: Untersuche den Standort gründlich, um die geeignetsten Plätze für die Installation der Solarmodule zu ermitteln. Achten Sie auf Verschattungen und zukünftigen Leitungsverlauf.

2. Systemdesign: Bestimme die Größe, Ausrichtung und Neigung der Solarmodule basierend auf der Sonneneinstrahlung und dem Energiebedarf.

3. Auswahl der Komponenten: Wähle hochwertige Solarmodule, Wechselrichter und Montagesysteme aus, die den lokalen klimatischen Bedingungen standhalten können.

4. Installation und Anschluss: Plane die Installation und den Anschluss sorgfältig, um die Sicherheit zu gewährleisten und die Leistung des Systems zu optimieren. Vermeiden Sie dabei zu lange Kabellängen. Nutzen Sie ordentliche Wanddurchführungen für die Stromkabel. Sichern Sie die Kabel gegen Maderbiss.

Freiflächenanlagen

1. Standortauswahl: Wähle einen Standort mit minimalen Schatten und guten Sonneneinstrahlungsbedingungen.

2. Systemdesign: Plane das Layout der Solarmodule und den Standort des Wechselrichters und anderer Ausrüstung.

3. Umweltverträglichkeit: Berücksichtige die Umweltauswirkungen der Anlage und plane Maßnahmen zur Minimierung von Auswirkungen auf die Tierwelt und die Landschaft.

4. Genehmigungen: Stelle sicher, dass alle notwendigen Genehmigungen und Zertifikate eingeholt werden.

Industrie-PV-Anlagen

1. Energiebedarfsanalyse: Ermittle den Energiebedarf der industriellen Prozesse, um die Größe der PV-Anlage zu bestimmen.

2. Standortanalyse: Untersuche die Gebäudedächer und Freiflächen, um die besten Orte für die Installation der Solarmodule zu ermitteln.

3. Systemdesign: Plane das Layout der Solarmodule, die Auswahl der Wechselrichter und die Integration der PV-Anlage in die bestehende Infrastruktur.

4. Installation und Anschluss: Plane die Installation und den Anschluss sorgfältig, um die Sicherheit und die optimale Leistung des Systems zu gewährleisten.

WARTUNG UND TYPISCHE PROBLEME

Wartung von PV-Anlagen:

1. Reinigung der Solarmodule: Staub und Schmutz können die Leistung der Solarmodule beeinträchtigen. Es ist daher ratsam, die Module regelmäßig zu reinigen und dabei Vorsicht walten zu lassen, um Beschädigungen zu vermeiden.

2. Überprüfung der elektrischen Komponenten: Wechselrichter, Laderegler und andere elektrische Komponenten sollten regelmäßig auf ordnungsgemäße Funktion und mögliche Fehler geprüft werden.

3. Überwachung der Systemleistung: Verwende ein Überwachungssystem, um die Leistung der PV-Anlage zu überwachen und eventuelle Leistungseinbrüche frühzeitig zu erkennen.

Typische Probleme bei PV-Anlagen:

1. Schatten: Schatten auf den Solarmodulen, ob durch Gebäude, Bäume oder andere Hindernisse, können die Leistung der Anlage erheblich reduzieren.

2. Technische Defekte: Defekte an den Solarmodulen, dem Wechselrichter oder anderen Komponenten können die Leistung der Anlage beeinträchtigen und müssen schnell behoben werden.

3. Witterungseinflüsse: Starker Wind, Hagel oder Schneefall können die Solarmodule beschädigen. Es ist wichtig, die Module nach schweren Wetterereignissen zu überprüfen und gegebenenfalls zu reparieren oder zu ersetzen.

4. Fehlende Wartung: Eine unzureichende Wartung kann zu einer Verringerung der Systemleistung und zu langfristigen Schäden an der Anlage führen. Es ist daher wichtig, die Wartung der Anlage ernst zu nehmen und regelmäßig durchzuführen.

WIRTSCHAFT-LICHKEIT UND ÖKOLOGISCHER NUTZEN VON PV-ANLAGEN

Die Wirtschaftlichkeit von Photovoltaik-Anlagen ist ein entscheidender Faktor für viele Menschen, die in erneuerbare Energien investieren möchten. Eine gut geplante und effizient ausgeführte PV-Anlage kann erhebliche Einsparungen bei den Stromkosten ermöglichen, insbesondere in Regionen mit hohen Strompreisen. Darüber hinaus bietet eine eigene PV-Anlage Unabhängigkeit von zukünftigen Strompreiserhöhungen, da man in der Lage ist, einen Teil oder sogar den gesamten Stromverbrauch selbst zu decken.

In vielen Ländern gibt es zudem Einspeisevergütungen oder andere Förderprogramme, die den finanziellen Ertrag einer PV-Anlage erhöhen können. Diese Mechanismen zahlen einen festgelegten Betrag für jede Kilowattstunde Strom, die in das öffentliche Netz eingespeist wird. Außerdem kann eine PV-Anlage den Wert einer Immobilie erhöhen. Bei einem eventuellen Verkauf der Immobilie kann dies zu höheren Einnahmen führen.

Von einem ökologischen Standpunkt aus bringen PV-Anlagen zahlreiche Vorteile mit sich. Sie erzeugen Strom ohne CO_2-Emissionen, was einen wesentlichen Beitrag zur Reduzierung der globalen Treibhausgasemissionen leistet. Als erneuerbare Energiequelle wird Sonnenenergie nicht erschöpft und erzeugt keine schädlichen Nebenprodukte.

Die Nutzung von PV-Anlagen kann außerdem die Umweltbelastung durch konventionelle Stromerzeugung reduzieren. Indem man weniger auf Strom aus fossilen Brennstoffen angewiesen ist, können die mit deren Abbau und Verwendung verbundenen Umweltauswirkungen verringert werden. Schließlich ist der Ausbau der Photovoltaik ein wichtiger Baustein für den Übergang zu einer nachhaltigen Energieversorgung und leistet somit einen wertvollen Beitrag zur Energiewende.

PV-Anlagen und Wärmepumpen: Die Winterproblematik

Die Kombination von Photovoltaikanlagen (PV) und Wärmepumpen ist eine effiziente Methode zur Nutzung erneuerbarer Energien in Ihrem Zuhause. Sie können den von Ihrer PV-Anlage erzeugten Strom nutzen, um eine Wärmepumpe zu betreiben, die Wärme aus der Umgebung extrahiert und in Ihr Heizsystem einspeist.

Die Herausforderung besteht jedoch darin, dass im Winter, wenn der Heizbedarf am höchsten ist, die Sonneneinstrahlung und somit die Stromerzeugung Ihrer PV-Anlage aufgrund der kürzeren Tage und des niedrigeren Sonnenstands oft am geringsten ist. Daher steht in der Zeit, in der Sie den meisten Wärmestrom benötigen, weniger Solarstrom zur Verfügung.

Von Frühjahr bis Herbst, wenn die Sonneneinstrahlung höher und der Heizbedarf geringer ist, kann die Kombination von PV und Wärmepumpen sehr effizient sein und einen erheblichen Teil Ihres Energiebedarfs decken. Es ist jedoch wichtig, diese saisonalen Schwankungen bei der Planung und Dimensionierung Ihrer Anlage zu berücksichtigen.

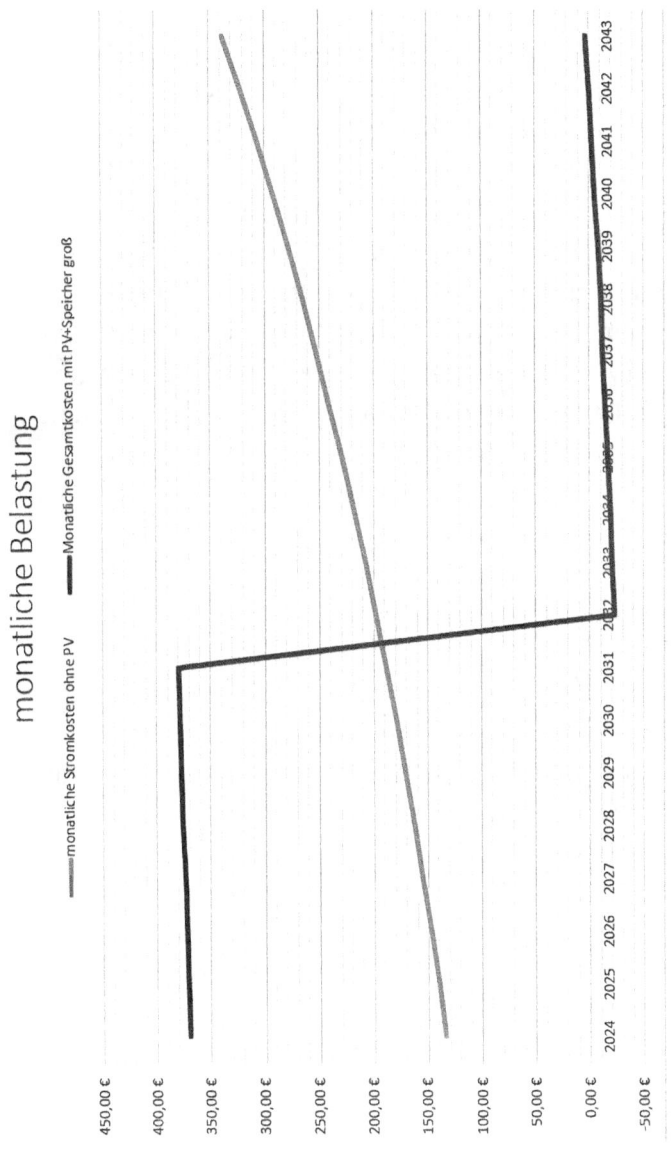

monatliche Belastung

— monatliche Stromkosten ohne PV   — Monatliche Gesamtkosten mit PV+Speicher groß

Als Alternative oder Ergänzung zu einer herkömmlichen Wärmepumpe könnten Sie eine Warmwasser-Wärmepumpe in Betracht ziehen. Diese nutzt die Wärme aus der Umgebungsluft oder dem Abwasser, um Ihr Brauchwasser zu erwärmen. Sie kann effektiv mit einer Gas-Brennwerttherme kombiniert werden, die in den Wintermonaten, wenn die Warmwasser-Wärmepumpe nicht ausreicht, zusätzliche Heizleistung liefern kann. Dies kann eine praktikable Lösung sein, um die Effizienz Ihrer Heizanlage zu steigern und Ihren Energieverbrauch zu senken, auch in den kälteren Monaten.

Ausblick in die Zukunft

Die Zukunft der Photovoltaik sieht sehr vielversprechend aus. Mit fortschreitender Technologie werden Solarmodule immer effizienter und kostengünstiger, was den Zugang zu sauberer Energie für immer mehr Menschen ermöglicht.

Darüber hinaus ist die Forschung im Bereich der Photovoltaik sehr aktiv, was zu neuen Innovationen und Verbesserungen führen wird. Beispielsweise werden neue Materialien erforscht, die das Potenzial haben, die Effizienz von Solarmodulen weiter zu steigern.

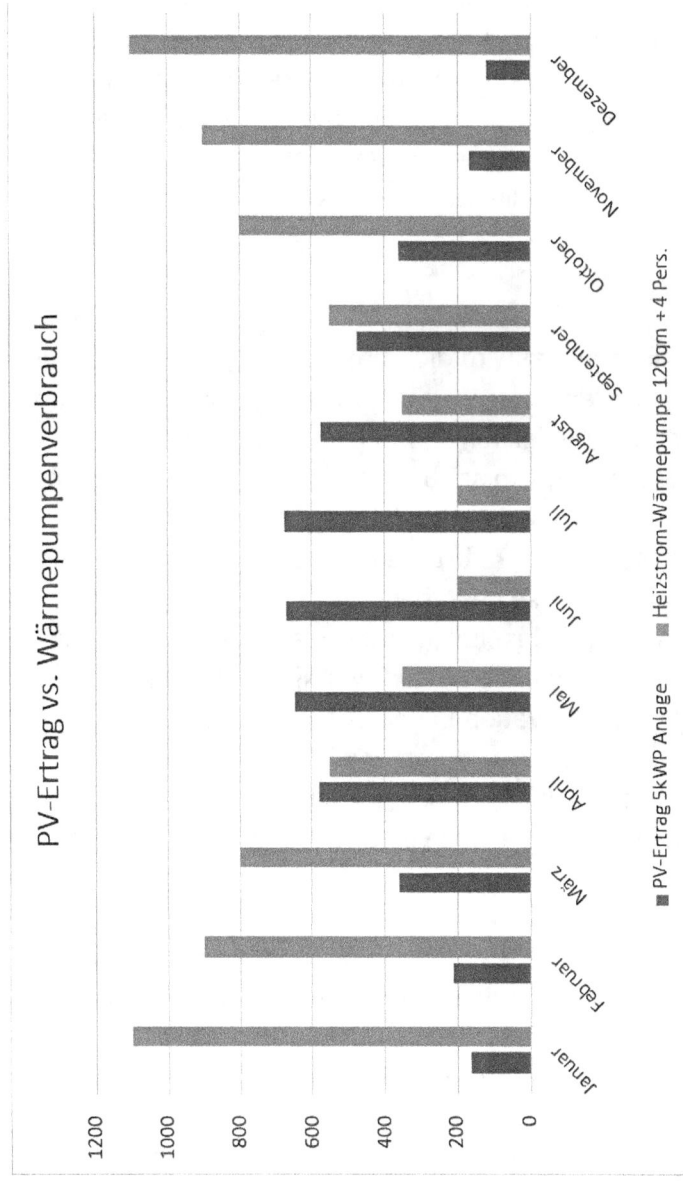

PV-Ertrag vs. Wärmepumpenverbrauch

■ PV-Ertrag 5kWP Anlage   ■ Heizstrom-Wärmepumpe 120qm + 4 Pers.

Auch auf der politischen Ebene gibt es positive Entwicklungen. Immer mehr Länder erkennen die Vorteile der Solarenergie und setzen ambitionierte Ziele für den Ausbau der Photovoltaik. Dies wird durch Förderprogramme und Regulierungsmaßnahmen unterstützt, die den Einsatz von Solarenergie attraktiver machen.

Nicht zuletzt wird die Photovoltaik eine entscheidende Rolle bei der Bewältigung der globalen Herausforderungen des Klimawandels spielen. Durch die Erzeugung von sauberem, erneuerbarem Strom kann die Photovoltaik dazu beitragen, die Treibhausgasemissionen zu reduzieren und eine nachhaltige Energiezukunft zu gestalten.

Insgesamt lässt sich sagen, dass die Photovoltaik eine aufregende Zukunft vor sich hat. Mit kontinuierlichen Innovationen und zunehmender Unterstützung wird sie eine immer wichtigere Rolle in unserem Energiemix spielen und dazu beitragen, eine nachhaltige und klimafreundliche Zukunft zu schaffen.

Wir hoffen, dass dieser PV-Ratgeber Ihnen hilft, die für Sie besten Entscheidungen in Sachen Photovoltaik zu treffen. Unser Ziel ist es, Ihnen zuverlässige und aktuelle Informationen zu liefern.

Sollten Sie Fehler finden, Fragen haben oder Feedback geben wollen, zögern Sie bitte nicht, uns zu kontaktieren. Ihre Meinung ist uns wichtig und hilft uns, unseren Service und unsere Inhalte kontinuierlich zu verbessern.

Bitte nutzen Sie dafür das Kontaktformular auf unserer Webseite www.eigenstrom-beratung.de. Wir freuen uns darauf, von Ihnen zu hören und Ihnen weiterhin bei Ihrem Weg zur eigenen Solaranlage zu helfen. Vielen Dank für Ihre Aufmerksamkeit und Ihr Interesse an der Photovoltaik!

Checkliste PV-Installation

Kundenname:

Installationsadresse:

	Wurde ordentlich erledigt	Wurde teilweise erledigt	Wurde nicht erledigt	Kann nicht beurteilt werden
Wurde der Arbeitsschutz eingehalten (Gerüst oder / und Fallschutz)				
PV-Module sind, wie auf dem Plan montiert worden				
Kabel sind alle ordentlich verlegt mit Kabelkanal				
Erdung wurde an allen Montageschienen angebracht				
PV-Kabel (schwarz) ist mindestens 6 qmm				
Erdung (grün-gelb) ist mindestens 10 qmm				
Wechselrichter mit Anschlussbox wurde montiert und				
Akku wurde montier und angeschlossen				
Testlauf der Anlage war erfolgreich				
Durchbrüche wurden mit Gefälle nach außen gebohrt				
Durchbrüche wurden ordentlich abgedichtet				
Baustelle wurde aufgeräumt				
Müll wurde mitgenommen				

Folgende Mängel werden beanstandet:

Firmenname und
Unterschrift Monteur:

Unterschrift Kunde:

Impressum:
Autor René Keil
Layout: Marco Keil
Bildquellen: www.freepik.com
Fachinhalte:www.eigenstrom-beratung.de

Anschrift:
René Keil
Jenaer Str. 27
07774 Frauenprießnitz
Deutschland